U0949266

广东海洋经济发展报告

（2020）

广东省自然资源厅 编

科学出版社

北 京

内 容 简 介

本书全面反映了2019年度广东海洋经济发展概况，客观阐述了广东海洋经济发展基本情况、广东海洋经济重点工作、广东沿海地级以上市海洋经济发展情况，以及2020年广东海洋经济重点工作计划。

本书可供涉海院校及科研机构、涉海行政主管部门，以及对海洋经济发展感兴趣的社会大众参阅。

审图号：粤 S（2020）052 号

图书在版编目(CIP)数据

广东海洋经济发展报告. 2020 / 广东省自然资源厅编. —北京：科学出版社，2020.12

ISBN 978-7-03-066115-9

Ⅰ. ①广… Ⅱ. ①广… Ⅲ. ①海洋经济－区域经济发展－研究报告－广东－2020 Ⅳ. ①P74

中国版本图书馆 CIP 数据核字(2020)第 174993 号

责任编辑：郭勇斌 张远文 彭婧煜 / 责任校对：杜子昂
责任印制：师艳茹 / 封面设计：黄华斌

科 学 出 版 社 出版
北京东黄城根北街 16 号
邮政编码：100717
http://www.sciencep.com

北京汇瑞嘉合文化发展有限公司 印刷

科学出版社发行 各地新华书店经销

*

2020 年 12 月第 一 版 开本：720×1000 1/16
2020 年 12 月第一次印刷 印张：4 1/2
字数：43 000

定价：70.00 元

《广东海洋经济发展报告（2020）》

编委会与编写组

编　委　会

主　任： 陈光荣

副主任： 屈家树

编　委： 胡春雷　徐　天　郭　力　苏琛贸　赵红昌

编　写　组

组　长： 刘　强　钟金香

成　员： 原　峰　杨伦庆　李杏筠　王烨嘉　鲁亚运

刘　芳　刘妙品　宋丹凤　权　威　王　琼

朱　婵　姚　琴　许　多　曲林静　熊兰兰

张　捷　史秦川

前　言>>

习近平总书记在致 2019 中国海洋经济博览会的贺信中讲到："海洋对人类社会生存和发展具有重要意义，海洋孕育了生命、联通了世界、促进了发展。海洋是高质量发展战略要地。要加快海洋科技创新步伐，提高海洋资源开发能力，培育壮大海洋战略性新兴产业。要促进海上互联互通和各领域务实合作，积极发展'蓝色伙伴关系'。要高度重视海洋生态文明建设，加强海洋环境污染防治，保护海洋生物多样性，实现海洋资源有序开发利用，为子孙后代留下一片碧海蓝天。"2019 年，中共中央、国务院先后印发《粤港澳大湾区发展规划纲要》《中共中央 国务院关于支持深圳建设中国特色社会主义先行示范区的意见》，均对海洋工作作出重要部署。

广东省委、省政府高度重视海洋工作，先后出台了《中共广东省委　广东省人民政府关于贯彻落实〈粤港澳大湾区发展规划纲要〉的实施意见》《广东省推进粤港澳大湾区建设三年行动计划（2018—2020 年）》《广东省加强滨海湿地保护严格管控围填海实施方案》等政策文件。广东省委十二届七次全会提出，珠江三角洲要发挥主阵地作用，在对接港澳中加快优化发展步伐，沿海经济带要与大湾区高水平互动发展，构造贯通广东省东西两翼的跨区域产业链，形成“湾+带”联动优势。广东省委书记李希在传达学习贯彻习近平总书记致 2019 年中国海洋经济博览会贺信精神时指出，要深刻认识广东作为海洋大省在国家经略海洋中的责任使命，加快推动广东省海洋经济高质量发展，进一步办好中国海洋经济博览会。广东省委副书记、省长马兴瑞要求在“广东省国民经济和社会发展第十四个五年规划纲要”中将海洋经济作为重要内容。海洋已成为广东经济社会发展不可或缺的组成部分，是广东实现“四个走在全国前列”、当好“两个重要窗口”的重要力量。

2019 年，广东自然资源系统深化自然资源领域供给侧结构性改革，强化资源要素精准配置，从源头上引导高质量发展。印发实施《广东省加快发展海洋六大产业行动方案（2019—2021 年）》，加快培育海洋战略性新兴产业，推动海洋经济高质量发展；制定出台《关于推进广东省海岸带保护与利用综合示范区建设的指导意见》，积极推进海岸带综合保护与利用，打造现代化沿海经济带。全力保障区域经济协同发展、重点港口建设、新通道、新口岸等项目用地用海需求，聚焦“广州-深圳-香港-澳门”科技创新走廊建设，助推大湾区创新驱动发展；大力拓展发展空间，积极盘活用好存量建设用地，开展粤港澳大湾区陆海统筹地质调查试点工作，加快处理围填海历史遗留问题。

为全面反映广东海洋经济发展情况，广东省自然资源厅编写了《广东海洋经济发展报告（2020）》。本书客观阐述了2019年广东海洋经济发展基本情况、2019年广东海洋经济重点工作、广东沿海地级以上市海洋经济发展情况、2020年广东海洋经济重点工作计划。

本书编写过程中得到了省直有关部门、沿海地级以上市自然资源主管部门的大力支持，在此一并表示感谢。

编 者

2020年6月

目　录>>

第一章 >>

2019 年广东海洋经济发展基本情况

第一节　总体运行情况

一、海洋经济总量持续增长

据初步核算，2019 年广东海洋生产总值 21 059 亿元，同比增长 9.0%[①]（图 1-1），占地区生产总值的 19.6%，占全国海洋生产总值的 23.6%（图 1-2），广东海洋生产总值连续 25 年居全国首位，广东已成为我国海洋经济发展的核心区之一。

二、海洋产业结构不断优化

2019 年，广东海洋三次产业结构比 1.9∶36.4∶61.7，海洋第一产业比例同比上升 0.1 个百分点，海洋第二产业比

---

① 本书涉及的海洋生产总值、海洋产业增加值增速均为名义增速。

例同比下降0.6个百分点，海洋第三产业比例同比上升0.5个百分点（图1-3），海洋现代服务业在海洋经济发展中的贡献持续增强。主要海洋产业增加值6820亿元，同比增长8.0%，海洋科研教育管理服务业增加值7392亿元，同比增长11.3%，海洋相关产业增加值6847亿元，同比增长7.7%（图1-4、图1-5）。海洋传统产业结构调整效果显现，深海网箱养殖与远洋渔业成为海洋渔业新的增长点。海洋电子信息、海洋工程装备制造、海洋生物医药、海洋可再生能源利用等新兴产业进一步迈向高端化、智能化，成为海洋经济转型升级的新动能，海洋高端装备制造、海上风电等千亿级海洋新兴产业集群初具雏形。

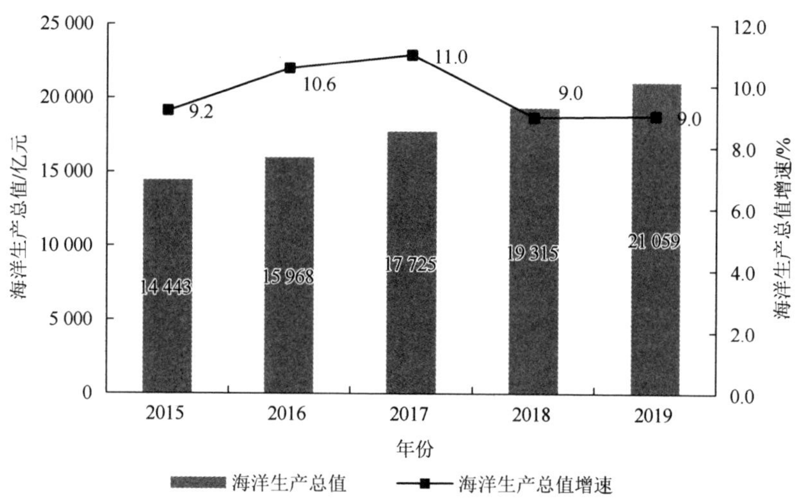

图1-1　2015—2019年广东海洋生产总值及其增速

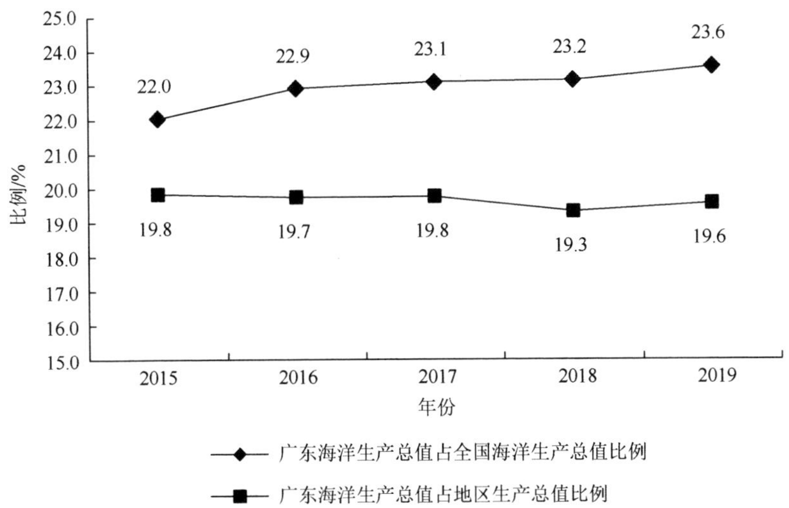

图 1-2　2015—2019 年广东海洋生产总值占地区生产总值与全国海洋生产总值比例

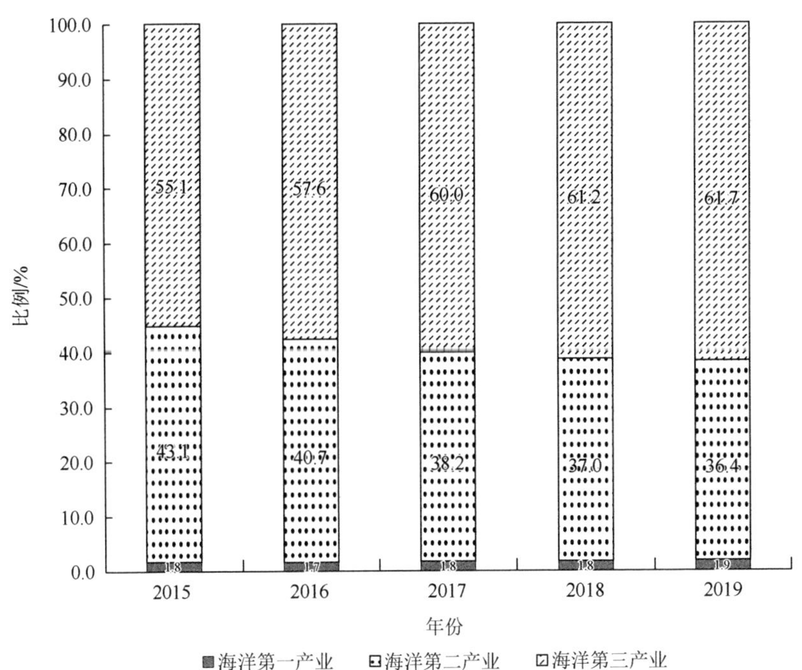

图 1-3　2015—2019 年广东海洋三次产业增加值占海洋生产总值比例

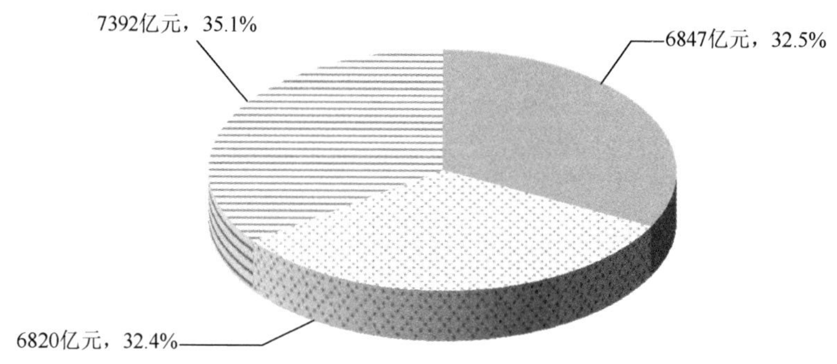

图 1-4　2019 年广东海洋生产总值构成

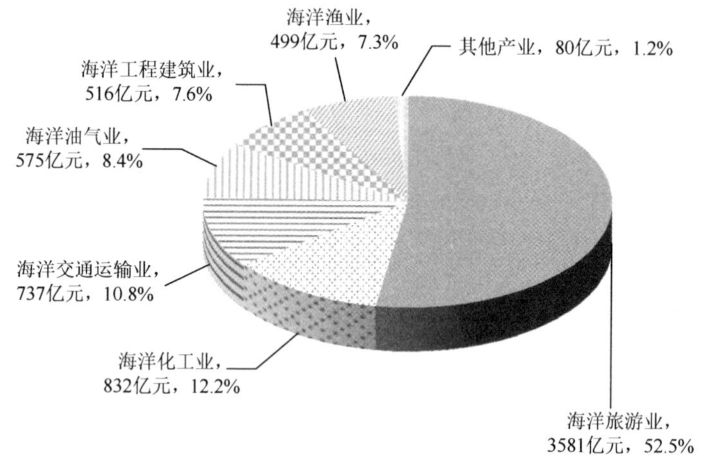

图 1-5　2019 年广东主要海洋产业增加值构成

注：其他产业包括海洋船舶工业、海洋电力业、海洋生物医药业、海水利用业、海洋矿业和海洋盐业

三、对高质量发展的支撑作用进一步增强

海洋经济对地区社会经济民生贡献进一步增大。2019 年，海洋经济增长对地区经济增长的贡献率达

22.4%。广东海洋产业“四上企业”[①]从业人数 59.3 万人，占全省“四上企业”总从业人数的 2.5%。

海洋成为推进“双区一带”[②]战略实施的重要载体。2019 年，粤港澳大湾区 GDP 约为 11.6 万亿元，占全国 GDP 的 11.6%。2019 年 2 月，中共中央、国务院印发《粤港澳大湾区发展规划纲要》，对发展海洋经济进行部署。8 月，《中共中央 国务院关于支持深圳建设中国特色社会主义先行示范区的意见》提出支持深圳加快建设全球海洋中心城市，按程序组建海洋大学和国家深海科考中心，探索设立国际海洋开发银行。沿海经济带建设持续推进，产业链跨区域对接，粤港澳大湾区与东西两翼沿海经济带优势互补、差异化协调发展，“湾+带”的联动优势逐渐显现。

海洋为重大项目提供资源与空间保障。截至 2019 年底，埃克森美孚惠州乙烯项目填海造地工程用海 121.6 公顷、中广核广东太平岭核电厂一期工程项目用海 89.2 公顷已获国务院批准；巴斯夫（广东）一体化基地项目首期用海 32 公顷获省政府批准，已填海验收，取得不动产权登记证（土地）。2019 年，广东批准 5 宗海上风电项目，用海总面

---

① “四上企业”指规模以上工业企业（年主营业务收入 2000 万元及以上的工业法人单位）、资质等级建筑业企业（有总承包、专业承包和劳务分包资质的建筑业法人单位）、限额以上批零住餐企业（年主营业务收入 2000 万元及以上的批发业、年主营业务收入 500 万元及以上的零售业、年主营业务收入 200 万元及以上的住宿和餐饮业法人单位）、规模以上服务业企业（年营业收入 1000 万元及以上，或年末从业人员 50 人及以上服务业法人单位）四类规模以上企业的统称。

② “双区一带”是指粤港澳大湾区、中国特色社会主义先行示范区以及广东沿海经济带。

积 2142.8 公顷，总装机容量 190 万千瓦。

海洋成为连接全球经济的重要通道。珠江三角洲港口群国际影响力进一步提升。2019 年广东港口外贸货物吞吐量完成 60 809 万吨，同比增长 3.1%。截至 2019 年底，广东港口共开通国际集装箱班轮航线 366 条，其中挂靠“一带一路”沿线国家的航线 250 条；广东港口与国际港口缔结友好港共 84 对，2019 年新增 7 对，其中与“一带一路”沿线国家港口结对 21 对。广东拥有广州、湛江、深圳、珠海、东莞等 5 个亿吨级大港，深圳港、广州港分列 2019 年全球集装箱港口吞吐量第四位、第五位。

海洋成为对外开放的重要领域。2019 年，广东自由贸易试验区新设立外商投资企业 3091 家，实际利用外资 73.4 亿美元，占全省的 1/3，同比增长 28.4%。投资总额超 100 亿美元的巴斯夫（广东）一体化基地项目开工建设，成为我国首个外商独资大型石化一体化项目、广东最大的单一外资项目。惠州埃克森美孚、中海壳牌三期等重大外资项目顺利推进，GE 海上风电机组总装基地项目正式开工。5 月，世界港口大会在广州成功举办；10 月，全球蓝色经济合作伙伴论坛在深圳举办；11 月，中国-东盟“蓝色经济伙伴关系”对话会在湛江召开，海洋已成为广东对外交流与合作的桥梁和纽带。

第二节　主要海洋产业发展概况

一、海洋传统产业

（一）海洋油气业

海洋油气开采稳步增长。2019年，广东天然气产量112.1亿米^3，同比增长9.4%；原油产量1475.1万吨，同比增长5.9%。广东海洋油气业增加值575亿元，同比增长7.5%。

（二）海洋船舶工业

海洋船舶工业逐步回暖。2019年，广东造船完工量245.5万载重吨，同比增长10.0%；新承接船舶订单量1771.1万载重吨，同比下降42.0%；手持船舶订单量586.6万载重吨，同比下降12.1%；全年民用钢质船舶完工57.9万载重吨，同比增长11.0%。广东海洋船舶工业增加值52亿元，同比增长8.3%。国内首个无人船研发测试基地——珠海香山海洋科技港正式建成。

（三）海洋化工业

海洋化工产业集群化发展。广东海洋化工重大项目扎实推进。大亚湾石化区具备了年产 2200 万吨炼油、220 万吨乙烯的生产能力，其炼化一体化规模跃居全国第一，世界级石化基地规模初显；茂名形成了炼油能力达到 2500 万吨/年，综合配套能力达到 2000 万吨/年的石油炼油基地，原油加工和乙烯生产能力均位于国内第一方阵。2019 年，广东海洋化工业增加值 832 亿元，同比增长 8.5%。

（四）海洋工程建筑业

重点海洋工程稳步推进。广东在建、新建跨海桥梁、港口航道、海湾隧道等重点海洋工程建筑项目众多。汕头港广澳港区 2 个 10 万吨级集装箱码头顺利建成，湛江港 30 万吨级改扩建工程动工，深中通道隧道首个钢壳沉管——世界首例双向八车道海底沉管已完成浇筑。2019 年，广东海洋工程建筑业增加值 516 亿元，同比增长 3.4%。

（五）海洋渔业

海洋渔业稳中向好发展。2019 年，广东海洋水产品产量 455.2 万吨，同比增长 1.3%。其中，海水养殖产量 329.1 万吨，海洋捕捞产量 126.1 万吨。全省海洋渔业转型升级加速推进，养殖技术与生产能力持续提升，全国首座深远海波浪能养殖网箱“澎湖号”正式投入生产，可提供 1 万米^{3}养殖水体。

（六）海洋水产品加工业

海洋水产品加工业基本面持续向好。2019 年，广东海洋水产品加工总量超过百万吨。全国白虾及深加工产品生产示范基地——国联水产（吴川）白虾产业园正式投产，国内规模最大的综合性水产品加工产业园——强竞（珠海）供应链项目建设不断推进。

（七）海洋矿业

海洋矿业保持稳定发展。2019 年，广东海洋矿业增加值 2 亿元，与上年持平。广东加快海砂新砂源选址和市场化，开展了珠江口黄茅海域等 3 个项目超 2400 万米^{3}储量的海砂挂牌出让。

（八）海洋盐业

海洋盐业生产稳步运行。2019 年，广东海盐生产面积 1662 公顷，开晒面积 247 公顷，原盐产量 42 526 吨，原盐产值 2169 万元。广东海洋盐业增加值 0.02 亿元，与上年持平。

二、海洋新兴产业

（一）海洋工程装备制造业

海洋工程装备制造业延续复苏态势。2019 年，广东海洋工程装备完工合同金额 63.7 亿元，同比增长 21.7%；海洋工程装备完工量 32 座，同比增加 10 座；海洋工程装备新承接订单量 13 座，同比增加 6 座；海洋工程装备手持订单量 96 座。

（二）海洋生物医药业

海洋生物医药业集聚发展。深圳国际生物谷大鹏新区海洋生物产业园、深圳国家生物产业基地、广州国际生物岛、中山国家健康科技产业基地等一批海洋生物医药产学研合作平台和孵化推广基地在海洋生物医药业中发挥集聚行业资源的积极作用。2019 年，广东海洋生物医药业增加值 3 亿元，与上年持平。

（三）海洋可再生能源利用业

海洋可再生能源利用逐步从装备开发向示范应用发展。2019 年，广东风力发电量 71 亿千瓦时，同比增长 12.7%。充分发挥地区波浪能资源优势，以波浪能示范工程为核心，开展波浪能示范基地建设，大万山岛波浪能示范工程已进行环评公示。广东海洋电力业增加值 20 亿元，同比增长 5.3%。

（四）海水利用业

海水利用业稳步发展。2019 年，珠海三角岛海水淡

化及供水保障项目完成投资1800万元，占总投资36%；海水淡化工程配套水池基本完成。广东海水利用业增加值3亿元，与上年持平。

三、海洋服务业

（一）海洋交通运输业

海洋交通运输业信息化进程加快。2019年，沿海港口货物吞吐量完成16.8亿吨，同比增长10.8%，增速高于全国2个百分点；沿海港口集装箱吞吐量完成5976万标准箱，同比增长4.0%。广东积极扩大对21世纪海上丝绸之路沿线国家和地区港口的投资，打造全球港口链，全面启动5G智慧港口建设，粤港澳大湾区5G港口创新中心在广州正式成立，招商局集团5G智慧港口创新实验室在深圳揭牌。广东海洋交通运输业增加值737亿元，同比增长6.8%。

（二）海洋旅游业

海洋旅游业新业态潜能进一步释放。2019年，广东沿海城市接待游客5.3亿人次，同比增长8.5%；海洋旅游业总收入11 782.7亿元，同比增长11.5%，其中国际旅游收入1297.6亿元，同比增长8.0%。广东积极探索“旅游+科技”“旅游+文化”“旅游+城镇化”“旅游+互联网”等创新发展模式，不断提高海洋旅游产品多样化程度，深挖邮轮旅游、海岛旅游等市场潜力，开创文化和旅游强省新局面。广州南沙国际邮轮母港开港运营，可停靠世界最大吨位邮轮。截至2019年底，广东拥有国家AAA级及以上滨海景区31家。全省海洋旅游业增加值3581亿元，同比增长8.2%。

第三节　广东省重点支持的海洋六大产业发展概况

2019年，广东省政府工作报告明确要求大力发展新一代信息技术、高端装备制造、绿色低碳、生物医药、数字经济、新材料、海洋经济等战略性新兴产业。为加快发展海洋电子信息、海上风电、海洋生物、海洋工程装备、天然气水合物、海洋公共服务六大产业，推动广东海洋经济高质量发展，全面建设海洋强省，经广东省政府同意，广东省自然资源厅、广东省发展和改革委员会、广东省工业和信息化厅于2019年底联合印发了《广东省加快发展海洋六大产业行动方案（2019—2021年）》。

一、海洋电子信息产业

企业空间分布高度集中。截至2019年底，广东从事

海洋电子信息设备制造与信息服务活动的涉海单位超过1500家，当年新注册企业约80家。全省超过90%的海洋电子信息企业集聚在广州、深圳、珠海、东莞、惠州等珠江三角洲地区。广州在船舶电子、海洋通信、海洋观测、海洋电子元器件等方面不断取得关键技术突破；深圳在海洋信息获取、海洋大数据、智慧海洋等领域发展潜力巨大；珠海已建成规模技术亚洲领先的海底光缆全产业链生产基地。

产品与技术研发实力雄厚。在海洋卫星通信、海洋北斗导航、立体观测、海洋探测领域广东已处于国内领先地位，部分产品与技术逐渐走向世界领先。多波束、水声定位产品等打破了国际垄断，填补了国内空白；船舶自动识别系统、电子海图显示与信息系统均为国内首个通过中国船级社、英国劳氏船级社和欧盟认证的产品；水声通信和水下组网技术处于世界领先地位。

产业发展领域不断拓展深延。广东海洋电子信息产业发展覆盖水上、水面、水下、港口等方面的电子信息设备制造及信息服务领域。未来将依托珠江三角洲电子信息制造业基础优势，围绕“四纵”（天基、空基、水面和水下海洋电子信息）产业链和“四横”（传感器、数据通信、数据汇聚和运营应用）应用链集聚创新要素资源，支持开展关键基础性海洋电子信息技术研发，对一批技术含量高、应用前景好的海洋电子信息装备进行技术攻关，打造一批国际一流、国内领先、具有自主知识产权的高端海洋电子信息产品。

创新平台建设与技术研发进展迅速。国内首个支持北斗三号应用的基带+射频全芯片解决方案——“海豚一号”基带芯片和北斗三号RX37系列射频芯片发布；“水-空无人系统研发与应用实验室”在广州揭牌；“互联网+港口物流智能服务示范工程”通过竣工验收，成为国内智慧港口建设的新标杆；国内首个无人船研发测试基地在珠海建成。

二、海上风电产业

重大项目加快建设。广东25个近海浅水区海上风电项目已全部核准，在建的近海浅水区（35米水深以内）海上风电场共18个。截至2019年底，全省海上风电项目共核准3595万千瓦，包括近海浅水区场址1035万千瓦和近海深水区场址2560万千瓦。

全产业链发展逐步完善。初步形成了集海上风电机组研发设计、装备制造、工程设计、施工安装、运营维护、专业服务于一体的海上风电全产业链。海上风电装备制造方面，拥有一批海上风电装备制造相关企业，其中包括全行业唯一具备叶片、齿轮箱、发电机和三大电控系统开发设计及自主配套的企业。海上风电施工方面，全省共有两家企业拥有海上风电施工专用船舶，有数家企业在海洋工程施工方面经验丰富，为广东海上风电施工奠定了技术基础。风电场运营和维护方面，正处于起步加速阶段。海上风电专业服务方面，在海洋地质、海上风电场勘察等领域具备较为丰富的经验，并成立了广东省海上风电大数据中心，主要存储广东省海上风电规划、建造、运营等全过程数据，运用“互联网+”、大数据等先进信息技术，为海上风电开发、建设、运营提供有力的数据支撑服务，为行业监管提供决策依据。

产业基地初具雏形。广东（阳江）海上风电装备制造产业基地加快建设，产业链集聚发展；中山海上风电机组研发中心建成投运，风机制造研发能力进一步提升；粤东海上风电运维及整机组装基地加快建设，汕头上海电气组装厂建成投产，揭阳 GE 海上风电机组总装基地开工建设。

三、海洋生物产业

产业集聚度提升。初步形成了以广州、深圳、湛江、珠海等地为重点产业集群、沿海城市全覆盖的发展格局。海洋生物技术研发、海洋生物医药制备等结构层次高、附加值高的产业主要集中在广州、深圳等珠江三角洲地区；海洋渔业、海洋水产品加工业等传统产业主要集中在粤东和粤西地区。

技术研发成效显著。依托中山大学、中国科学院南海海洋研究所、广东海洋大学等科研单位和重要研究平台，在海洋生物领域取得了卓有成效的进展，特别是海洋功能生物资源挖掘、海洋天然产物和海洋药物研发、海洋微生物新型生物酶和海洋蛋白肽的生物制品研发，以及海藻和鱼油等海洋水产品精深加工技术处于国内领先地位，部分技术接近或达到国际先进水平。

四、海洋工程装备产业

全产业链发展格局基本形成。海洋工程装备产业主要覆盖产业链设计研发、装备制造、装备配套和应用服务等环节。重点鼓励浮式生产储卸装置、深水半潜平台、12缆深水物探船等海洋工程装备技术进行联合攻关。推动绿色智慧型移动浮岛示范工程建设，加快深远海养殖平台、深海载人潜水器、海洋可再生能源和矿产资源开发装备等研发和示范应用。

四大制造基地各具特色。广州龙穴海洋装备产业基地已成为我国海洋工程装备制造的重要基地，按功能划分为民品造船区、修船区、特种船舶建造与修理区、海洋工程区等四大功能区；深圳在海洋工程装备总包、设计方面国内领先，已形成以孖洲岛为主体的海洋工程装备及船舶修造基地；珠海高栏港海洋工程装备制造基地产业聚集程度、创新能力、低碳经济指标等均处于全省前列，已成为广东乃至华南地区最具影响力的海洋工程装备制造基地；中山形成了以海水淡化等为主体的海洋工程装备产业基地。

五、天然气水合物产业

勘探和实验测试技术快速发展。建成功能齐全的自然资源部标准化水合物重点实验室。实验室拥有 170 米^{2}的水合物低温物性实验室（最低温度–5℃），配备了显微激光拉曼光谱、固体核磁共振等大型分析测试仪器，研制了多套水合物模拟实验装置，可以进行水合物地球物理、地球化学及微观动力学等多方面的实验研究。

高新技术装备达到国际先进水平。广东自主研制的全国第一台 4500 米作业级遥控潜水器，突破了潜水器自动控制、深海液压单元、大深度浮力新型材料等重大关键核心技术，国产化率超 90%，具有运载能力大、扩展功能强、作业风险低、操作简便等优势。自主研制的海洋可控源电磁探测技术系统在多次海试中获得成功，该系统可获取精细的海底泥质的地形地貌，已成功应用于海底活动冷泉的发现。此外，广东还自主研发了高分辨率准三维地震与海底高频地震联合探测技术、水合物地球化学快速探测系统、水合物重力活塞式保真取样器等国际领先的技术与装备。

三项重大理论研究实现自主创新。初步建立了天然气水合物成矿理论，并指导在南海准确圈定找矿靶区；初步创建了天然气水合物成藏系统理论，指导试采实施方案的科学制定；初步创立了“三相控制”开采理论，指导精准确定试采降压区间和路径。

基础建设快速推进。南沙深海科技创新中心基地、天然气水合物钻采船、南沙龙穴岛深水码头、岩心库等标志性项目快速推进。

六、海洋公共服务产业

海洋调查监测系统不断完善。建成海洋观测站点 27 个，初步设立自主海上浮标观测网，推进建设岸基、海基、空基、天基“四位一体”的综合性立体观测网。

海洋大数据信息服务不断推进。基于海洋大数据的应急指挥信息管理系统，已在广东各大型港口应用。海洋卫星遥感广东数据应用中心积极开展广东省海洋卫星遥感数据平台建设。

海洋金融支持有序推进。2017—2020 年安排 2.3 亿元财政资金用于政策性渔业保险补助。从 2018 年起连续 3 年，广东省财政每年安排 3 亿元专项资金，重点支持海洋六大产业创新发展。持续推进海洋领域的债券、股票、保险对海洋经济发展的支持，投放贷款资金支持疏港公路、铁路、渔港、海洋工程装备制造、海洋综合旅游等涉海项目建设。涉海信贷服务效率不断提高，银行业金融机构通过优化信贷流程、开通信贷审批绿色通道等措施，提高涉海授信审批效率。

第二章 >>

2019 年广东海洋经济重点工作

第一节 2019 中国海洋经济博览会

2019 年 10 月 14—17 日，由自然资源部、广东省人民政府共同主办，深圳市人民政府承办的 2019 中国海洋经济博览会（以下简称海博会）在深圳成功举办。

一、展会层次高

习近平总书记在海博会开幕之际发来贺信，向海博会的举办表示衷心的祝贺，向出席博览会的各国嘉宾和各界人士表示热烈的欢迎。习近平总书记强调，举办海博会旨在为世界沿海国家搭建一个开放合作、共赢共享的平台，希望大家秉承互信、互助、互利的原则，深化交流合作，让世界各国人民共享海洋经济发展成果。自然资源部陆昊部长、马兴瑞省长对海博会给予高度评价，充分肯定参展企业、布展、展品等的水平和质量。

二、展会成果丰硕

本届海博会以“蓝色机遇，共创未来”为主题，积极组织了展览展示、多维论坛、交流推介、互动体验等活动，突出展示新中国成立70年来我国海洋科技创新的最前沿成果，努力发挥海博会在促进海洋科技创新、深化海洋国际交流合作、助推海洋经济高质量发展等方面的积极作用。展览总面积达37 500米^2，涉及海洋产业上下游30多个细分行业，来自21个国家的455家展商参展，其中境外企业50家，世界500强企业14家，来自28个国家和地区的9.7万人次参观了展览。举办海洋经济高端论坛12场，来自20个国家和地区的190位嘉宾发表了演讲，4500多位专业听众参会；海博会期间配套了互动体验、成果发布、推介签约、项目路演四类活动。中国首艘自主建造的极地科考破冰船“雪龙2”号从深圳首航执行南极科考任务。开展活动357场，其中项目推介会19场；110余家企业参加投融资路演活动；首发新技术新产品432项；签约成交394项，签约成交金额7.4亿元；达成意向合作1013项，金额18.4亿元。

广东省自然资源厅协助自然资源部成功举办了新中国成立70周年海洋经济成就展（含粤港澳大湾区海洋经济展），系统展示新中国成立70年来，特别是党的十八

大以来海洋经济建设的重大成就，展示粤港澳大湾区海洋经济的最新风采。开幕当天，陆昊部长、马兴瑞省长、王宏局长及其他领导在粤港澳大湾区展区驻足观看，并听取工作人员详细介绍，询问和观看粤港澳大湾区海洋经济发展有关情况，充分认可粤港澳大湾区海洋经济的发展（图 2-1）。整个展览期间，粤港澳大湾区展区共接待观众 3000 多人次，通过观看介绍视频、阅读宣传资料、参与互动活动，参观群众对粤港澳大湾区海洋经济发展取得的巨大成就进行全面了解，海博会展示工作取得良好的社会效益。

图 2-1　2019 中国海洋经济博览会展馆现场

成功举办首次粤港澳海洋合作发展论坛。论坛由广东省自然资源厅和广东省人民政府港澳事务办公室指导，广东省海洋发展规划研究中心联合深圳市科学技术协会、广东海丝研究院、广东海洋协会、香港船东会、澳门海洋学会共同主办。论坛参会嘉宾约300人，10位知名专家分别从海洋产业融合发展、海洋科技协同创新、海洋生态文明共建、海洋体制机制创新和推动构建海洋命运共同体等角度出发，探讨粤港澳海洋合作发展的新思路、新策略、新路径，积极为粤港澳大湾区海洋经济高质量发展建言献策。广东省自然资源厅在论坛上发布了《广东省海洋经济地图》《广东海洋70年》（画册）等一批重大成果。《广东海洋70年》（画册）分关心海洋、认识海洋、经略海洋三部分，对新中国成立70年来广东海洋工作进行了全方位回顾总结。《广东海洋70年》（画册）内容翔实，历史脉络清晰，重点突出，生动勾勒出广东海洋事业发展的全貌，充分展现了广东海洋之美，是广东海洋工作的珍贵记忆与厚重记录。《广东省海洋经济地图》围绕广东深入贯彻习近平总书记关于海洋强国战略重要论述，紧扣海洋经济高质量发展这一主线，以丰富的图表、简明的数据，突出展示了广东海洋事业发展成就，描绘了全面建设海洋强省美好蓝图。

三、展会影响深远

2019年10月21日，广东省委常委会召开会议，传达学习习近平总书记致2019中国海洋经济博览会贺信精神，

研究广东贯彻落实意见。会议指出，一要深刻认识广东作为海洋大省在国家经略海洋中的责任使命，切实把海洋作为高质量发展的战略要地，加快海洋科技创新步伐，提高海洋资源开发能力，培育壮大海洋战略性新兴产业；二要加快推动广东海洋经济高质量发展，全力支持深圳建设全球海洋中心城市，大力发展粤港澳大湾区海洋经济，深度参与 21 世纪海上丝绸之路经济带建设，加强海洋环境污染防治和生态保护修复，实现海洋资源有序开发利用；三要进一步办好中国海洋经济博览会，认真学习借鉴上海举办中国国际进口博览会等的经验做法，推动海博会向专业化、市场化、国际化、品牌化方向发展，深化同世界沿海国家和地区的交流合作，为推动广东海洋经济发展、建设海洋强国提供助力。广东省委书记李希特别强调，要借贺信的东风，提前谋划、继续办好 2020 年的海博会。

广东省自然资源厅先后召开厅党组会和专题工作会议学习贯彻贺信及常委会精神，并发动全省自然资源系统组织学习贺信精神，切实以贺信精神为指引，推动广东海洋强省建设各项工作。2019 年 11 月 14 日，为深入学习贯彻习近平总书记致 2019 中国海洋经济博览会贺信精神，广东省自然资源厅联合自然资源部南海局召开院士专题座谈会，围绕贯彻落实贺信精神展开了全面、系统、务实的座谈交流，齐心协力为广东全面建设海洋强省献计献策、贡献力量。

第二节 海洋经济创新发展示范城市建设

一、总体情况

2016年10月，国家海洋局和财政部共同批复“十三五”海洋经济创新发展示范城市工作方案，确定湛江市等8个城市为首批海洋经济创新发展示范城市。2017年6月，深圳市确定为第二批海洋经济创新发展示范城市。2018年11月，深圳市、湛江市入选国家海洋经济发展示范区。深圳市、湛江市按照国家批复要求，大力推动海洋生物、海洋高端装备等海洋战略性新兴产业发展，海洋经济创新发展示范建设取得较好成效。

二、主要成效

（一）深圳市主要成效

深圳市以中海油深圳分公司、中集集团、招商局重工、中广核等为龙头的产业集聚化、规模化趋势逐步显现。依托良好的金融发展环境与传统金融产业基础，海洋基金、融资租赁等新兴业态正在起步。

产业发展基础良好。海洋高端装备制造产业智能化发展，陆域智能制造企业“下海”，传统海洋工程装备制造企业向高端化、智能化、品牌化方向转型升级。海

洋生物医药业研发创新驱动明显。深圳国际生物谷大鹏新区海洋生物产业园、深圳国家生物产业基地、高新区生物医药研发总部基地等集聚大批海洋生物医药创新型企业。

海洋创新能力快速提升。在基础研究领域，深圳市拥有海洋产业相关的国家级、省级重点实验室（工程实验室、工程中心）5个，市级重点实验室6个，市级工程实验室14个，市级工程中心3个以及公共技术服务平台4个。海洋关键技术不断突破，“海洋石油钻井平台钻机电驱动控制系统国产化协同创新与示范应用”“深水海洋油气水下设施安装技术研究及应用示范”等项目技术有望填补多项国内技术空缺。

海洋投融资渠道不断丰富。编制《深圳市海洋经济创新发展示范项目和专项资金管理办法》，推动示范项目有序实施，提高专项资金使用效益。安排市级专项资金用于扶持海洋战略性新兴产业发展。采用直接资助、股权资助、贷款贴息、风险补偿等多元化扶持方式，重点支持海洋产业关键核心技术攻关、创新能力建设等方面。

（二）湛江市主要成效

湛江市海洋战略性新兴产业总量大幅提高，形成了一批新生产线、新产品和新示范工程。

海洋战略性新兴产业快速发展。据不完全统计，湛江市新增海洋产业省级及以上新产品 79 个，完成总指标 226%；新增海洋产业有效发明专利 300 项，完成总指标 100%；新立项行业及以上标准 10 项，完成总指标 83%。

海洋科技支撑力量不断增强。依托区域示范成果转化与产业化项目，推动涉海企业、科研机构、大专院校协同创新，开展重大关键技术协同攻关，有效促进海洋科技创新与产业发展深度融合，推动资金、资源、科技、人才等要素向产业集中，海洋科技支撑力量不断增强。湛江创新驱动发展战略加快实施，南方海洋科学与工程广东省实验室（湛江）首批 9 项科研项目启动，湛江海洋科技产业创新中心加快建设。

第三节 广东省第一次全国海洋经济调查

一、总体情况

第一次全国海洋经济调查是一项重大的国情国力调查。调查工作自 2016 年 7 月正式启动，到 2019 年 11 月正式结束。

调查组织工作完善。广东成立了以副省长为组长的省级调查领导小组，编写印发了《广东省第一次全国海洋经济调查实施方案》，培训调查指导员和调查员共 3662 人，并进行了全方位多形式宣传。

调查实施过程规范。此次调查严格遵照国家实施方案执行，最终完成 15.5 万家涉海单位清查、2.2 万家涉海单位产业调查、2500 家海洋相关产业单位调查以及海岛海洋经济、海洋防灾减灾、海洋工程与围填海、海洋节能减排、临海开发区专题的 1300 家专题单位调查。调查全过程都进行严格的质量控制，并对调查汇总数据开展市级、省级和海区级数据专家会审。

调查整体效果良好。此次调查形成了一系列调查成果，获取了一批海洋经济的数据基础，提升了海洋经济宣传效果。2019 年 7 月，第一次全国海洋经济调查领导小组办公室组织专家对广东省调查工作开展验收评审，整体结果优秀。

二、成果与应用

调查全面、系统掌握了广东海洋经济基本情况，完善了广东海洋经济基础信息，为科学谋划海洋经济长远发展奠定良好的基础。

建立涉海单位名录库和数据库。调查形成名录类成果 13 册，数据集成果 6 册，报告类成果 9 册。此次调查获取涉海单位名录 3.1 万家，全面展现了广东涉海单位区域分布和产业分布。海洋经济调查数据库丰富了广东海洋经济基础信息，为科学谋划推进海洋强省建设提供决策依据。

积累方式多样的调查经验。广州、深圳、珠海、中山、江门、东莞、湛江委托第三方机构开展调查，惠州、揭阳依托统计部门开展调查，茂名、汕头依靠海洋系统发动区县、街道社区力量开展调查，探索了多种海洋调查工作模式。

创新调查成果应用。广东在国家要求的基础上新增自贸区专题调查，摸清了自贸区海洋经济发展情况；广州、深圳、珠海等市在调查过程中采集了涉海单位地理位置信息，并将调查成果通过系统直观展示；东莞、中山等市根据实际情况新增财务报表，有效结合了海洋经济统计核算工作。本次调查成果应用于涉海企业直报、海洋经济运行分析等工作中，拓展了调查数据应用的广度。

第四节　海洋资源开发利用管理

一、完善海洋治理体系

强化海洋自然资源政策支持作用，助推全省经济高质量发展。经广东省政府同意，广东省自然资源厅印发《关于推进广东省海岸带保护与利用综合示范区建设的指导意见》，推进海岸带保护与利用综合示范区建设。广东省自然资源厅、广东省发展和改革委员会、广东省工业和信息化厅联合印发《广东省加快发展海洋六大产业行动方案（2019—2021 年）》，助推海洋六大产业创新发展。广东省财政厅、广东省自然资源厅联合印发《广东省海域使用金征收使用管理办法》《广东省海域使用金征收标准》，加强海域使用金的征缴使用管理和征收规范。出台《广东省美丽海湾规划（2019—2035 年）》，制定《粤港澳大湾区海岸带生态保护修复减灾三年行动计划（2020—2022 年）》，谋划构筑大湾区生态屏障。

二、严控新增围填海

严格管控围填海。印发《广东省加强滨海湿地保护严格管控围填海实施方案》（粤府〔2019〕33 号），全面停止受理不符合《国务院关于加强滨海湿地保护严格管控围填海的通知》（国发〔2018〕24 号）要求的围填海申请，对于已经受理的予以退回；对严重破坏海洋生态环境的违法用海予以坚决拆除，全年共拆除 9.2 公顷；对部分可不再继续围填的项目，动员业主终止围填，终止填海面积 187.9 公顷。多部门联合监视监测与巡查，加大对海域使用疑点疑区的核查力度。开展疑点疑区现场核查共 14 次，核查疑点疑区 48 处，确认违法用海 30 宗，面积 32.6 公顷，已完成查处 7 宗。

三、推进围填海历史遗留问题处理

稳妥处理围填海历史遗留问题。 2019年，处理围填海历史遗留问题工作完成过半。已完成处置图斑总面积5599.9公顷，完成总任务量的56.0%。其中完成处置国家清单图斑面积5392公顷，占国家清单图斑面积的72.6%，包括批而未填和围而未填图斑面积2333.3公顷、已确权填而未用图斑面积1083.5公顷、未确权已填已用和填而未用图斑面积1975.3公顷。有效处置了补充清单中批而未填图斑面积208公顷。

认真贯彻落实自然资源部的工作部署。 一是完成全省79个围填海历史遗留问题区域的生态评估报告和生态修复方案编制评审工作。二是完成批而未填和围而未填区域处理，向自然资源部报请审查备案全省共133个已批准尚未完成围填海项目的处置情况，涉及面积2541公顷。三是处置未确权已填已用图斑67个，面积272公顷。四是完成全省围填海历史遗留问题处理方案编制并按期报送自然资源部。

全力推进围填海历史遗留问题涉及重大项目用海区域的备案工作。 涉及围填海历史遗留问题10个区域的处理方案已报省政府，其中7个处理方案经省政府同意已上报自然资源部审查备案。涉及湛江巴斯夫、惠州埃克森美孚、珠海高栏港综合保税区和湛江京信东海电厂等项目的4个用海区域已获同意备案，面积约1178公顷，

为下一步的用海审批奠定工作基础。

四、节约集约高效用海用岛

高效率审批重大项目用海。全年批复项目用海 12 宗，总面积 2320 公顷；批复项目用岛 1 宗，用岛面积 3.6 公顷；为 6 宗新增项目用海出具用海预审意见。征收海域使用金 10.1 亿元，其中，上缴中央财政 3 亿元，地方财政 7.1 亿元。

保障重大项目用砂需求。积极探索海砂采矿权和海域使用权“两权合一”出让。争取自然资源部支持，同意调整珠江口伶仃洋海砂开采海域涉及的海洋生态保护红线区，其海域面积 192.7 公顷，海砂储量 3156.4 万米^3。

开展海岸线使用指标交易试点工作。制定试点方案，明确海岸线使用指标交易试点的内容及交易指标、交易对象，规定指标交易收益的分配方法，规范指标交易的流程及交易活动的监管与维护。

推进海岸线修测工作。完成全省 14 个沿海地级以上市海岸线外业测量和内业处理工作（图 2-2），累计完成海岸线测量总长度约 5800 公里，其中，大陆海岸线测量长度约 4300 公里，有居民海岛海岸线测量长度约 1500 公里，测量总长度居全国第一。率先完成海岸线修测“一上”数据的上传和省级审核。

图 2-2　广东省海岸线修测现场

积极推进无居民海岛使用权市场化出让试点。出台《广东省自然资源厅关于无居民海岛使用权市场化出让办法（试行）》，优化全省无居民海岛使用权市场化出让程序，为深入推进无居民海岛使用权市场化出让奠定政策基础。

加快推进示范性海岛建设。推进珠海三角岛“公益＋生态旅游”开发新模式，以完成整岛生态修复为重点，以适度旅游开发为支撑，打造集科普教育、主题体验、海上运动和休闲度假于一体的海岛旅游综合体。积极推动石碑山角领海基点主题公园建设，打造兼具“唯一性、政治性、科普性”的旅游景点。

第五节　海洋科技创新

一、建设南方海洋科学与工程广东省实验室

为深入贯彻落实习近平总书记视察广东重要讲话精神，大力实施创新驱动发展战略，推动高质量发展，广东省启动第二批省重点实验室建设，南方海洋科学与工程广东省实验室为其中之一。2019 年，广东省政府在广州、珠海、湛江同步建设南方海洋科学与工程广东省实验室。三地实验室分别由广州市政府、中国科学院南海生态环境工程创新研究院和广州海洋地质调查局，珠海市政府、中山大学，湛江市政府、中国船舶集团有限公司、中国海洋石油集团有限公司和广东海洋大学等单位共同建设。张偲院士、陈大可院士、颜开二级研究员分任广州、珠海、湛江海洋实验室主任。

南方海洋科学与工程广东省实验室（广州）按照“8＋7＋6＋5”的格局布局，聚焦八大海洋科学前沿基础研究方向，深攻七大海洋高新技术研发领域，建设六大创新支撑平台，打造五个产业孵化中心，目标是建成国际一流的海洋科学与工程研发基地，推进粤港澳大湾区海洋高科技产业发展。已有 16 个院士团队和 31 个核心团队加盟，科研人员超 700 人。

南方海洋科学与工程广东省实验室（珠海）以形成海洋战略科技力量为目标，重点发展海洋学科群，建设面向科技前沿的海洋创新基础平台，构筑世界一流的海洋人才高地，打造创新型、引领型、突破型的大型综合性研究应用基地。

南方海洋科学与工程广东省实验室（湛江）主要建设领域包括海洋工程装备、海洋生物、海洋能源等。

二、支持海洋六大产业创新发展

通过专项资金持续投入，全面提升广东海洋科技创新能力和发展水平，着力推动海洋电子信息、海上风电、海洋生物、海洋工程装备、天然气水合物和海洋公共服务等六大产业发展，突破一批关键技术，形成一批国内领先、国际先进的国产化技术和装备，全面提升六大产业技术成果转化能力。2019 年，省级促进经济高质量发展专项资金（海洋战略新兴产业、海洋公共服务）共立项支持 55 个项目。截至 2019 年底，2018—2019 年支持项目已完成发明专利 191 项，软件著作 24 项，技术标准 15 套，新产品、新技术、新装备 75 项，专著文章 248 篇，报告 69 篇，人才培养 447 人。

三、拓展政产学研协同创新平台

2019 年，广东海洋创新联盟、广东海洋协会组建六大产

业七个分会，即海洋电子信息分会、海上风电分会、海工装备分会、海洋渔业分会、海洋生物医药分会、天然气水合物分会、海洋公共服务分会，进一步推动省内涉海单位充分发挥资源优势，深度合作、共建共享，服务广东海洋经济强省建设。

四、海洋科技创新成果丰硕

广东海洋科技主体日益壮大、创新成果显著，海洋药物、海洋可再生能源、舰载雷达、海洋油气及海底矿产开发利用产业专利授权分别为 511、167、24 和 455 项。ST-246 型饱和潜水作业支持船“海龙”号建造完成并交付，填补了国内高端饱和潜水作业支持船自主建造的空白，总体作业能力达到国际顶尖水平。国内最长最深海底大地电磁探测成果入选 2019 年度中国十大海洋科技进展。天然气水合物分解机理及调控方法研究获 2019 年广东省自然科学奖一等奖。大型半潜式海洋波浪能发电技术与装备获 2019 年广东省技术发明奖一等奖。深水区超大型海上风电设备安装平台关键设计与制造技术、港珠澳大桥隔减震（振）关键技术研究与应用、南海岛礁多维生态修复关键技术与应用示范均获 2019 年广东省科技进步奖一等奖。截至 2019 年底，全省有涉海高新技术企业 594 家，其中 2019 年认定涉海高新技术企业 147 家。

第六节　海洋生态建设

一、实施海洋生态修复“五大工程”

海岸线整治修复工程。粤港澳大湾区的海岸带保护与利用综合示范区突出滨海城镇景观建设、河口滨海湿地修复，粤东地区的海岸带保护与利用综合示范区突出沙滩修复与养护、海岸非法构筑物清理，粤西地区的海岸带保护与利用综合示范区突出渔港防护能力建设、海湾滨海湿地修复。2019 年通过整治修复形成的具有生态功能的海岸线约 34 公里。

魅力沙滩工程。组织开展全省约 170 处沙滩资源调查评估，加强沙滩侵蚀监测防护。开展重点沙滩整治工作，对受侵蚀沙滩有针对性地修建突堤、离岸堤、人工岬角等固沙设施，加强科学论证，实施人工抛沙回填等沙滩养育和养护措施。

海堤生态化工程。实施生态化修复，建设生态海堤。汕头海岸带保护与利用综合示范区探索填海区形成新海堤生态化建设。东莞海岸带保护与利用综合示范区结合城镇建设需求，以打造海岸带生态公园为目标，进行海堤、护岸的硬质结构改造。

滨海湿地恢复工程。以虎门、崖门、磨刀门、蕉门、洪奇沥、横门、虎跳门、鸡啼门等珠江口八大口门生态修复为重点，开展河口空间综合整治。

美丽海湾建设工程。在开展汕头青澳湾、惠州考洲洋、茂名水东湾美丽海湾试点建设的基础上，海岸带保护与利用综合示范区根据所属海湾情况，分类分期规划建设生态保育型、渔乡文化型、都市亲水型、度假旅游型 4 类共 67 个美丽海湾。

二、开展“蓝色湾区”守护行动

组织编制《粤港澳大湾区海岸带生态保护修复减灾三年行动计划（2020—2022 年）》，重点推动海堤生态化改造、沿海防护林建设等 15 个方面的重点工程建设，筑牢大湾区海洋生态防护屏障。构建粤港澳大湾区海洋生态修复项目库，首期入库项目包含海岸带综合修复、生态问题专项修复以及围填海历史遗留问题修复共 28 个修复项目，其中，海岸带综合修复项目 14 个，生态问题专项修复项目 9 个，围填海历史遗留问题修复项目 5 个；汕头海岸整治工程进度完成 78%，海岸线整治长度 11.8 公里，汕尾海岸整治工程进度完成 50%，整治清理沙滩 7 公里。完成红树林整治修复 1413 公顷。

三、推进海洋示范区建设

（一）国家级海洋生态文明建设示范区

深圳大鹏新区国家级海洋生态文明建设示范区。组织编制《深圳市大鹏新区国家级海洋生态文明建设示范区实施方案（2017—2019年）》。2019年，海洋生态环境质量显著改善、环境质量主要指标位居全国前列，海洋管理和海洋资源利用等重要领域和关键环节取得明显突破。

珠海横琴新区国家级海洋生态文明建设示范区。开展横琴国家湿地公园（试点）等项目建设，全面促进横琴岛生态环境保护。启动投资5亿元的横琴海岸带综合整治修复试点项目一期和35.2公里横琴海堤生态化处理项目建设。

惠州市国家级海洋生态文明建设示范区。建立海洋自然保护区3个和海洋特别保护区1个，海洋保护区面积占管辖海域面积的19%，为全省最高。开展海岸线修复工程，堆填整治滩涂3000亩[①]，种植红树800万株，自然岸线保有率44.3%。建成人工鱼礁区6座，面积3700公顷。

汕头南澳县国家级海洋生态文明建设示范区。2019年，南澳县印发《南澳县全面推行“湾长制”实施方案》。压实海洋生态环境保护责任，强化与“河长制”的衔接。

湛江徐闻县国家级海洋生态文明建设示范区。全面

① 1亩≈666.67米^2

落实“河长制”，全县地表水功能区水质、近岸海域水质达标率保持100%。完成造林面积4415亩，抚育碳汇林1.1万亩。

（二）海岸带综合示范区建设

东莞滨海湾新区海岸带综合示范区。实施海岸线分类分段管控，开展海陆生态建设和保护修复，大力开展入海河流污染治理，高标准规划建设海堤，推进产城融合发展，打造内地与港澳深度合作示范区和兴业宜居智慧湾区滨海新城。

汕头华侨经济文化合作试验区。探索建立健全用海后评估机制；编制海岸带空间规划、海岸线保护利用规划，探索建立海岸带综合管理创新机制；健全海洋防灾减灾和防污减排机制联动；打造居民亲水海岸线，构建宜居新城区；建设总部经济服务基地，引进创新型海洋龙头企业，探索金融对海洋经济发展的机制创新。

湛江海东新区海岸带综合示范区。海东新区开展南调河综合整治工程，建设龙王湾海洋湿地公园，开展灯塔公园岸段整治工程，探索实施海岸线占补平衡措施；编制海岸带综合保护利用规划；开展“三清三拆三整治”工程，开展入海排污口整治；建设渔政执法装备基地、龙王湾避风港，推进海堤升级改造工程；建设海洋会展园区、中船重工基地、广东医科大学产学研基地等重要项目。

四、加强海洋生态环境保护

实施海洋工程建设项目生态损害补偿制度。落实增殖放流、人工鱼礁等生态修复措施，大力推动受损水域生态修复。严格落实生态用海理念，加强指导，切实做好服务，全力保障海上风电、核电、基础设施和公益性建设项目用海环评审批工作。

开展围填海历史遗留问题修复工程。按照广东省围填海历史遗留问题处理方案，全省用 5—10 年的时间投入 67.4 亿元进行生态修复，主要包括修复 188.3 公里海岸线，修复 5177.6 公顷滨海湿地等。

加快推进“湾长制”试点工作。2019 年 7 月，广东省生态环境厅发布《关于加快推进“湾长制”试点工作的通知》，明确深圳市、惠州市、湛江市和南澳县、电白区“湾长制”试点的工作任务。有力促进当地海洋生态环境保护，并为“湾长制”推广实施提供经验。

开展入海排污口核查及清理整顿工作。2019 年 7 月，印发入海排污口分类核查指导意见，组织各沿海市完成了核查工作。全省各类入海排污口共 1396 个，核查工作为全省入海排污管控和分类施策及入海排污口设置管理打下了坚实的基础。加强对沿海各市落实《广东省近岸海域污染防治实施方案》的监督检查，持续开展非法和设置不合理入海排污口的清理整顿工作，针对新发现的两类排污口，按照“一个排污口，一套整治方案”要求，落实整改责任。

加强海洋生态保护修复宣传。2019 年 6 月，广东省首届国土空间生态修复十大范例评选活动启动。深圳湾滨海红树林湿地生态修复、珠海市淇澳岛红树林湿地保护修复、汕头南澳岛蓝色海湾整治修复等 3 个海洋生态修复项目获得十大范例奖。活动引起了广泛的社会反响，营造了支持生态保护修复的良好氛围。

第七节　海洋防灾减灾

一、提升省级海洋预警报能力

组织实施了以“三室、三平台、两中心、一张网”为主要建设内容的省级海洋预警报能力升级改造项目二期建设。“三室”即预报视频会商室、音视频多单元演播室、专家会商室；“三平台”即专题预警报综合服务平台、海洋灾害态势应急分析综合展示平台、海啸预警报接收平台；“两中心”即高性能计算机数据中心、海洋防灾减灾辅助决策中心；“一张网”即国家—海区—省—区—观测站点的数据传输网。其中，海啸预警报接收平台为全国首个省级海啸监测预警全链条系统。这标志着广东自主开发建设地方海洋观测预报体系实现从无到有的跨越，将极大提升广东省海洋预警报基础水平，为海洋防灾减灾提供科学、可靠的决策支撑。

二、规范海洋预警监测业务

按照自然资源部提出的“全国海洋观测数据并网”要求，对全省海洋观测站点进行摸底排查，对海洋观测数据存储管理工作进行全面检查。根据取消海洋观测站点设立、变更审批事项的要求，完善海洋观测站点设立、变更备案制度，重点做好事中事后监管。在海洋预报领域，继续深化广东省海洋预报台的共建工作，常态化提供海洋环境预报和海洋灾害预警。指导监督全省自然资源系统做好海洋灾害预警预报工作。印发实施《广东省海洋防灾减灾规划（2018—2025年）》，着力构建与海洋经济发展相适应的防灾减灾体制机制，全面提高全社会抵御海洋灾害的综合防范能力。

三、开展海洋灾害调查与评估工作

组织全省涉海部门开展海平面变化影响调查评估工作。收集堤防、海洋工程、地面沉降、洪涝灾害、海水倒灌等影响海平面变化信息，在重点区域开展海岸侵蚀、咸潮入侵等典型事件跟踪调查，编制《2019年广东海平面变化影响调查评估工作报告》，在上半年全国海平面变化影响调查评估工作评比中，广东再次获得优秀评级。

四、开展海洋防灾减灾宣传教育活动

2019 年 11 月，副省长许瑞生在调研阳江闸坡海洋站时提出，将海洋站作为科普教育基地，适度对学生和公众开放。5 月 12 日全国防灾减灾日，在全省沿海各市开展海洋防灾减灾宣传周活动。结合 2019 年世界海洋日暨全国海洋宣传日活动，召开《2018 年广东省海洋灾害公报》的新闻发布会，在报刊、网络等媒体上开展全方位、大范围、多渠道、多形式的海洋防灾减灾工作宣传，不断增强社会公众的海洋防灾减灾意识。

第三章 >>

广东沿海地级以上市海洋经济发展情况

第一节 珠江三角洲地区

一、广州市

海洋创新能力显著提升。截至2019年底，广州市共建成生物医药领域国家级工程中心（实验室）13家、专业孵化器13个，各级重点实验室153家、工程技术中心115家、企业技术中心51家。天然气水合物钻探岩心库、深水码头和海洋地质科技创新中心、新型地球物理综合科学考察船“实验6”号等建设进展顺利，启动建设极端海洋动态过程多尺度自主观测科考设施等一批国家重大科技基础设施。

海洋产业出新出彩。广州国际航运枢纽建设迈上新台阶。2019年，广州港集装箱航线总数达217条（外贸航线111条），2019年新华·波罗的海国际航运中心发展指数，

广州国际航运中心排名跃升至第 16 位。船舶海工装备制造业创新发展。成功建造世界第一艘沉管运输安装一体船“一航津安 1”号、首艘自主知识产权且建造周期最短的管道挖沟动力定位工程船“海洋石油 295”号、华南地区首座自升式海上风电安装平台“精铟 1 号”等海洋高端装备，交付全球首艘双燃料高速豪华客滚船、最强饱和潜水作业支持船“海龙”号等。推动海洋生物领域的技术研发和产业化，高标准举办第十二届中国生物产业大会、第三届官洲国际生物论坛。稳步推进邮轮游艇旅游新业态发展。2019 年 11 月在南沙国际邮轮母港举办开港首航活动，广州港靠泊出入境邮轮 93 艘次，接待出入境旅客 44.2 万人次，保持全国第三。探索开展航运金融创新，实现全国首单船舶资产离岸交易，航运保险要素交易平台在南沙正式上线。

海洋领域合作不断深化。广州市成功举行 2019 年世界港口大会，全球 50 多个国家和地区近 1200 名代表与会，规模为历届之最。成功举办 2019 年第十四届中国邮轮产业发展大会暨国际邮轮博览会和首届“海丝论坛”暨海洋科技创新与产业发展研讨会。

二、深圳市

海洋六大产业呈现快速发展态势。海上风电产业的龙头企业中广核新能源在国内已储备海上风电资源超 1310 万千瓦，在建项目容量 93.4 万千瓦，2019 年新增开工项目超 240 万千瓦。国际生物谷大鹏新区海洋生物产业园等产业园区集聚众多海洋生物医药创新型企业，逐步形成了集“研发、中试、产业化”三位一体的创新发展链条。中集海洋工程有限公司设计建造了全球最先进的超深水钻井平台，为可燃冰钻采提供了运营和操作平台。海洋公共服务申请设立“中国前海”登记港，探索在自贸区内实施国际船舶登记制度。

海洋综合管理迈出坚实步伐。出台《深圳经济特区海域使用管理条例》。在全国率先编制了《深圳市海岸带综合保护与利用规划（2018—2035）》《深圳市海洋环境保护规划（2018—2035）》等规划，初步划定了陆海衔接的生态保护红线。

三、珠海市

海上风电和海岛基础设施等项目建设稳步推进。粤电珠海金湾海上风电场项目 2019 年完成投资 3.7 亿元。桂山海上风电场项目一期累计完成投资 23.8 亿元，建成并网约 10 万千瓦，二期工程启动建设。三角岛运动休闲及科教示范项目完成投资 1.1 亿元，三角岛码头工程 2019 年完成投资 5500 万元，三角岛沙滩修复工程（一期）2019 年完成投资 1355 万元。

我国首个海域海岛管理的地方性法规出台。发布实施《珠海经济特区海域海岛保护条例》，这是我国首个全面

规范海域海岛管理、保护海域海岛生态环境、发展海洋经济的综合性、统领性的地方性法规。

四、惠州市

涉海重大项目建设成效显著。埃克森美孚惠州乙烯项目纳入国家重大外资项目，一期项目已取得海域使用不动产权证、用海环评批复，用地场平工程已完成48%。中海壳牌三期惠州乙烯项目海底管线迁改工程已完成备案立项，填海造地工程已完成备案立项、工程可行性研究报告、勘察招标等前期工作。中广核广东太平岭核电厂一期工程于2019年4月获国家正式核准，1号机组首次浇筑混凝土已成功完成。

海洋管理实现“多个率先”。全力保障埃克森美孚惠州乙烯项目用海顺利通过国务院审批，成为唯一一个获批的新增围填海项目，探索出一套新形势下重大项目用海申报经验。在全国率先实现了海洋信息化硬件支撑、应用支撑、数据基础支撑等“三个统一”，在全省率先构建了覆盖重点海域的综合立体观测网和近海目标监视监控网，完成了海上危险化学品泄漏应急处置应用研究，建立了全国第一个国家级危险化学品应急救援基地，组建了一支专业的应急救援队。

五、东莞市

滨海湾新区、产业基地等建设稳步推进。《东莞滨海湾新区发展总体规划（2019—2035年）》正式获批，成为《粤港澳大湾区发展规划纲要》公布后首个获批的省级平台规划，2019年累计完成实际投资额35.4亿元。松山湖生物技术产业基地集聚发展，出台了《东莞松山湖高新区促进生物产业发展专项资金管理办法》，设立6亿元生物产业发展专项基金，成功引进超500家生物技术企业，投资总额超过100亿元。引进省、市创新科研团队及产学研平台、公共服务平台共20多个，特别是已投入使用的中国散裂中子源等国家大科学装置，为生物产业创新发展提供有力支撑。虎门港综合保税区顺利通过国家验收。省资金支持的12.9公顷东宝公园湿地生态修复项目已开工建设。

六、中山市

海洋新兴产业蓬勃发展。引进和培育以明阳海上风电、广船国际等为代表的一批海洋工程装备制造龙头企业。利用中山澳门游艇自由行的政策优势，打造“游艇旅游休闲中心”和“游艇制造基地”，形成“游艇制造+游艇服务”的一体化产业格局。重点发展中山国家健康产业基地，截至2019年底，已集聚超300家健康医药企业及若干中试、检测平台。

七、江门市

海洋经济发展势头良好。银湖湾获得“广东省中小

型船舶及配套产业基地”称号，船舶产业规模以上工业总产值达 52.8 亿元。台山清洁能源（核电）装备产业园纳入江门产业转移工业园，已签约项目 14 个，投资总额近 65 亿元。以台山核电、国华台电、川岛风电为主体的临海电力项目规划总装机容量约 2000 万千瓦，占全省总装机容量的 1/4。落实补贴资金 520 万元，已建造大功率钢质渔船约 110 艘，获得农业农村部批准建造的南沙骨干生产渔船 74 艘，拥有全省规模最大、效益最好、影响力最大的南沙捕捞船队。首家远洋渔业公司成立，“台山鳗鱼”获得国家地理标志产品保护。

2019 年珠江三角洲地区海洋经济发展亮点见图 3-1。

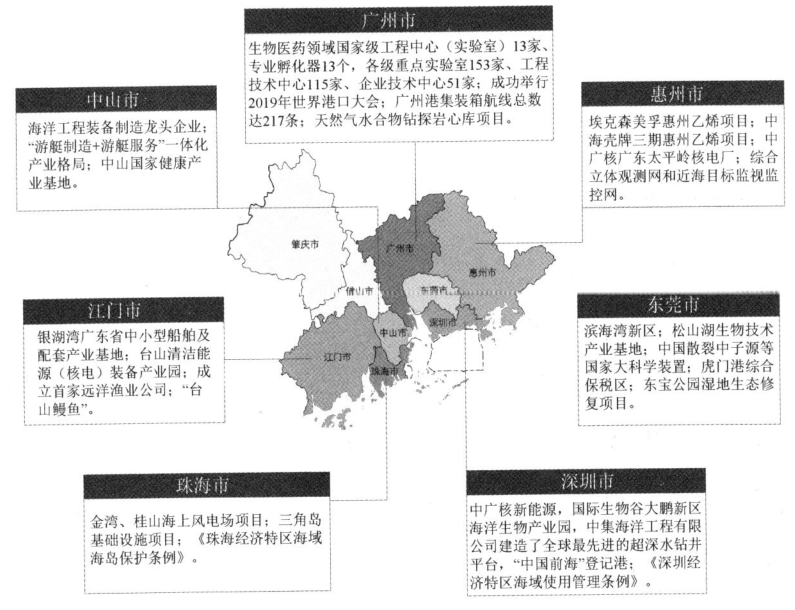

图 3-1　2019 年珠江三角洲地区海洋经济发展亮点

第二节 粤东地区

一、汕头市

海洋基础设施建设进程加快。推进建设南澳国际旅游岛、小公园开埠历史文化旅游区、澄海前美侨文化风情小镇、南山湾国家级滨海旅游度假区等项目，滨海旅游产业集聚发展。加快建设近海浅水区三峡、华能、大唐等5个风电项目，带动海上风电上下游产业发展。汕头港广澳港区二期工程首个10万吨级集装箱码头投入试运营。广东海上风电智能制造项目正式落户濠江区广澳物流园区，总投资约5亿元，建成投产后将达到年产200套风电装备的生产水平。

二、潮州市

涉海项目建设成效显著。依托闽粤经济合作区和临港产业园区两大平台，成功引进一批百亿级重大项目，着力打造粤东清洁能源供应及应用示范基地。华丰中天LNG储配站（一期）项目建设规模为52万米^3 LNG储配能力，建成后年销售收入约140亿元，税收约18亿元。潮州华瀛液化天然气接收站项目总投资137亿元，建成后年产值约129.9亿元，税收约7亿元。大唐潮州电厂三期5、6号机组前期工作有序开展。益海嘉里粮油加工潮州基地项目计划总投资24.6亿元，建成后年产值132.9亿元。此外，完成临港

产业园污水处理厂建设，潮州港扩建货运码头正式投入使用，潮州港公用航道疏浚工程已完成，港区外疏道路建设项目正在推进，临港交通基础设施和配套设施建设不断完善。

三、汕尾市

持续推进临海工业发展。广东陆丰甲湖湾电厂新建工程完工，总投资 88.3 亿元，年发电能力 100 亿千瓦时，年总产值约 35 亿元。中广核汕尾后湖海上风电项目规划容量 50 万千瓦，汕尾甲子海上风电项目规划容量 90 万千瓦，均完成核准批复。汕尾海洋工程基地（陆丰）项目正式实施，项目总投资约 54 亿元，用海面积约 45 公顷，产能规模按年均 76 万千瓦配套设备能力规划设计。

四、揭阳市

涉海重大项目建设稳步推进。《揭阳滨海新区“一城两园”总体规划》经揭阳市六届人大五次会议审议批准，成为揭阳滨海新区“一城两园”开发建设的总蓝图。中国和委内瑞拉广东石化炼化一体化项目，获省发展和改革委变更核准，项目总投资由 586.1 亿元调整为 654.3 亿元；同步引进吉林石化 ABS 60 万吨/年、昆仑能源 LNG 350 万吨/年等配套项目，总投资超 800 亿元。惠来电厂一期项目 2019 年完成投资 1.4 亿元。建设临港产业园，致力打造海上风电产业，规划海上风电总装机容量 1380 万千瓦，现已核准装机容量

640 万千瓦，投资额超过 1000 亿，其中，国家电力投资集团有限公司近海浅水区 90 万千瓦海上风电项目和 GE 海上风电机组总装基地等项目均已落地。揭阳大南海石化工业区园区交通基础设施和配套设施建设加快推进。

2019 年粤东地区海洋经济发展亮点见图 3-2。

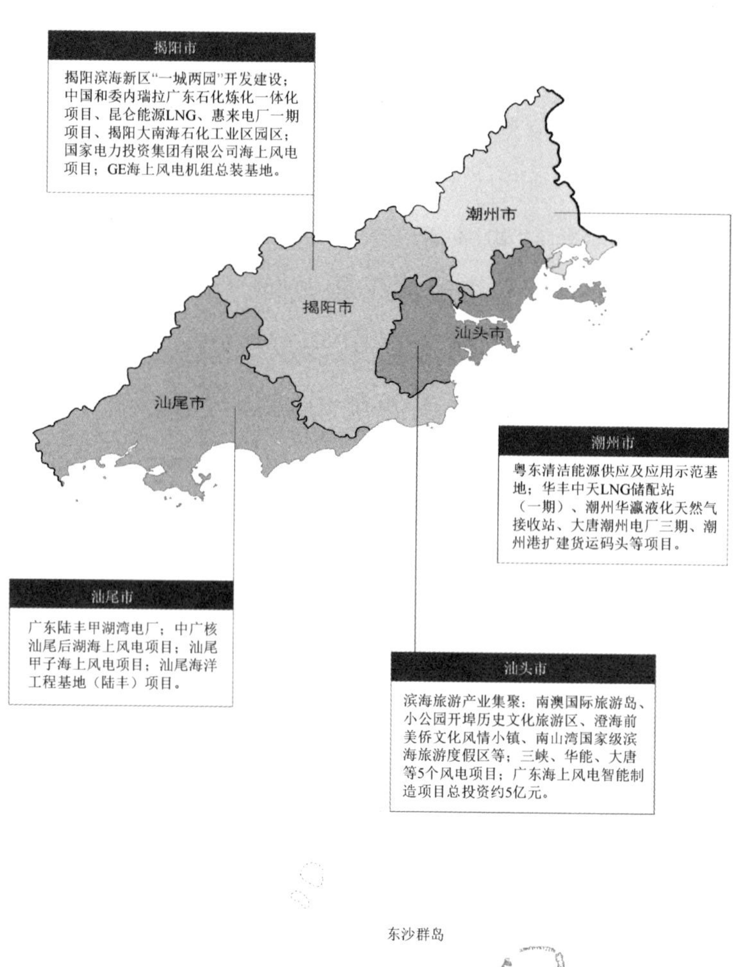

图 3-2　2019 年粤东地区海洋经济发展亮点

第三节 粤西地区

一、湛江市

现代临港工业格局加速形成。湛江钢铁项目一期工程建成投产，中科炼化一体化项目进入试产阶段，巴斯夫（广东）一体化基地项目启动建设，湛江外罗等4个海上风电项目加快建设。截至2019年底，湛江拥有4个投资超100亿美元重大临港产业项目。宝钢湛江钢铁基地配套码头（一期、二期15个泊位）已竣工投入使用。中科炼化一体化项目配套码头、东海岛港区杂货码头、徐闻港南山作业区客货滚装码头主体工程加快建设，广东大唐雷州电厂配套码头完成建设，霞山港区通用码头动工建设。

二、茂名市

临港化工业规模进一步扩大。2019年，茂名市原油加工量1990.6万吨，同比增长4.4%；乙烯产量118.2万吨。全市已建成炼油能力达2500万吨/年、综合配套能力达2000万吨/年的石油炼油基地，年生产110万吨乙烯的化塑原料生产基地，拥有约700家石油、乙烯产品后续加工企业，其中规模以上企业311家。

三、阳江市

海上风电资源高效有序开发。截至2019年底，总投资约570亿元的中广核南鹏岛、粤电沙扒、三峡沙扒、中节能南鹏岛等近海浅水区海上风电项目已累计完成投资约55亿元。2019年，落户和计划落地阳江的风电装备制造项目共42个，其中已落户项目20个、总投资近200亿元、年产值超300亿元，涵盖了从整机到叶片、塔筒、海底电缆等核心零部件的生产制造。国家海上风电装备质量监督检验中心、广东（阳江）海上风电柔性直流输电技术应用示范基地挂牌成立，成立了总规模120亿元的海上风电产业发展基金。

2019年粤西地区海洋经济发展亮点见图3-3。

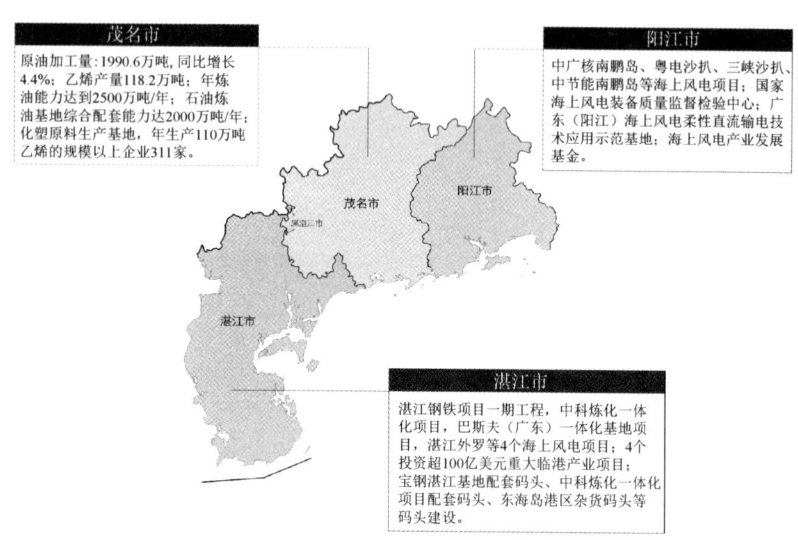

图3-3　2019年粤西地区海洋经济发展亮点

第四章 >>

2020年广东海洋经济重点工作计划

以习近平新时代中国特色社会主义思想为指导，全面贯彻落实习近平总书记致2019中国海洋经济博览会贺信精神，认真落实广东省委、省政府关于海洋强省建设决策部署，强化统筹谋划，聚焦重点难点，突出示范引领，努力实现海洋经济管理能力和发展水平“双提升”，推动全省海洋经济高质量发展。

一、强化顶层设计，不断完善海洋强省建设机制

推进广东海洋治理体系和治理能力现代化，切实加强党对海洋强省建设工作的领导。推动出台《中共广东省委 广东省人民政府关于发挥高质量发展战略要地作用 全面建设海洋强省的意见》，全面谋划和动员部署海洋资源保护与开发利用工作，凝聚全面建设海洋强省的强大合力。建立健全法律制度体系，推进海域使用条例修订，开展海岸带、海岛保护开发及海上建筑物建设等

立法研究，强化用途管制。

二、大力发展海洋经济，助推广东经济实现高质量发展

贯彻落实省委构建“一核一带一区”区域发展新格局的部署要求，推动自然资源要素向沿海经济带倾斜，着力打造世界级沿海城市带、产业集聚带、滨海旅游带。编制《广东省海洋经济发展“十四五”规划》，优化海洋产业结构和空间布局，推进优势产业提质增效和新兴产业加速发展，力争用两年时间打造2—3个产值超千亿元的海洋产业集群，构筑广东产业体系新支柱。探索设立省海洋产业发展引导基金，撬动社会资本支持海洋产业发展。

三、推动海洋科技创新，助推广东国际创新中心建设

建设重大创新平台，以“广州-深圳-香港-澳门”科技创新走廊和南方海洋科学与工程广东省实验室建设为依托，争取国家海洋重大科技基础设施落户广东。支持深圳组建高水平海洋大学、国家深海科考中心，支持广州建设天然气水合物工程技术中心、深海科技创新中心。组织实施重大科技创新工程，着力突破一批重大关键性和共性技术。

四、加强海洋生态环境保护，助推广东生态文明建设

把海洋生态文明建设纳入海洋开发总布局之中，坚持开发和保护并重、污染防治和生态修复并举，划实守牢海洋生态保护红线。统筹山水林田湖海系统治理，组织编制《广东省国土空间生态修复规划（2020—2035 年）》，建立大湾区生态修复项目库，继续推进自然岸线保护修复、魅力海滩打造、海堤生态化、滨海湿地恢复以及美丽海湾建设工程，加快“蓝色海湾”整治行动。着力推进红树林“增量提质”，建设沿海防护林基干林带 4400 公顷，筑牢海上生态安全防护屏障。强化陆海污染综合治理，控制污染物入海排放。统筹实施“固本强基”和“智慧海洋”工程，以近海地形测绘、海洋经济调查、海洋观测监测设施建设和灾害预报预警、应急救援体系完善为重点，全面提升海洋基础数据支撑和防灾减灾能力。

五、参与构建海洋命运共同体，助推广东加快形成高水平全面开放新格局

加大海洋对外开放合作力度，打造南海开发保障服务基地，深化与海上丝绸之路沿线国家和地区基础设施互联互通、经贸合作和人文交流，深度参与全球海洋治理。全力支持深圳加快建设全球海洋中心城市，继续办好中国海洋经济博览会，设立国际海洋开发银行，把深圳打造成为广东海洋对外开放合作的示范门户。

附录 >>

主要专业术语

1. 海洋经济：开发、利用和保护海洋的各类产业活动，以及与之相关联活动的总和。

2. 海洋产业：开发、利用和保护海洋所进行的生产和服务活动，主要表现在以下五个方面：

——直接从海洋中获取产品的生产和服务活动；

——直接从海洋中获取产品的一次加工生产和服务活动；

——直接应用于海洋和海洋开发活动的产品生产和服务活动；

——利用海水或海洋空间作为生产过程的基本要素所进行的生产和服务活动；

——海洋科学研究、教育、管理和服务活动。

3. 海洋相关产业：以各种投入产出为联系纽带，与海洋产业构成技术经济联系的产业。

4. 海洋生产总值（GOP）：海洋生产总值是按市场价格计算的海洋经济生产总值的简称。它是指涉海常住单

位在一定时期内海洋经济活动的最终成果，是海洋产业及海洋相关产业增加值之和。

5．海洋渔业：包括海水养殖、海洋捕捞、海洋渔业服务业等活动。

6．海洋水产品加工业：指以海产品为主要原料，采用各种食品储藏加工、水产综合利用技术和工艺进行加工的活动。

7．海洋油气业：指在海洋中勘探、开采、输送、加工原油和天然气的生产和服务活动。

8．海洋矿业：包括海滨砂矿、海滨土砂石、海滨地热、煤矿及深海矿物等的采选活动。

9．海洋盐业：指利用海水生产以氯化钠为主要成分的盐产品的活动。

10．海洋船舶工业：指以金属或非金属为主要材料，制造海洋船舶、海上固定及浮动装置的活动，以及对海洋船舶的修理及拆卸活动。

11．海洋工程装备制造业：指为海洋资源勘探开发与加工储运、海洋可再生能源利用以及海水淡化及综合利用进行的大型工程装备和辅助装备的制造活动。包括海洋矿产勘探开发装备制造、海洋油气资源勘探开发装备制造、海洋可再生能源利用装备制造、海水淡化及综合利用装备制造等。

12．海洋化工业：以海盐、海藻、海洋石油为原料的化工产品生产活动。

13．海洋生物医药业： 指以海洋生物为原料或提取有效成分，进行海洋生物化学药品、保健品和基因工程药物的生产加工及制造活动。

14．海洋工程建筑业： 指用于海洋生产、交通、娱乐、防护等用途的建筑工程施工及其准备活动。

15．海洋可再生能源利用业： 指沿海地区利用海洋能、海洋风能等可再生能源进行的电力生产。

16．海水利用业： 指对海水的直接利用、海水淡化和海水化学资源综合利用活动。

17．海洋交通运输业： 指以船舶为主要工具从事海洋运输以及为海洋运输提供服务的活动。

18．海洋旅游业： 指依托海洋旅游资源，开展的观光游览、休闲娱乐、度假住宿和体育运动等活动。